BEI GRIN MACHT SICH IHR WISSEN BEZAHLT

AF137151

- Wir veröffentlichen Ihre Hausarbeit,
  Bachelor- und Masterarbeit

- Ihr eigenes eBook und Buch -
  weltweit in allen wichtigen Shops

- Verdienen Sie an jedem Verkauf

Jetzt bei www.GRIN.com hochladen und kostenlos publizieren

Jasmin Lang

Aus der Reihe: e-fellows.net schüler-wissen

e-fellows.net (Hrsg.)

Band 14

Die Hesse´sche Normalenform. Herleitung und Anwendung

GRIN Verlag

Bibliografische Information der Deutschen Nationalbibliothek:

Die Deutsche Bibliothek verzeichnet diese Publikation in der Deutschen National-
bibliografie; detaillierte bibliografische Daten sind im Internet über http://dnb.d-
nb.de/ abrufbar.

Impressum:

Copyright © 2012 GRIN Verlag, Open Publishing GmbH
Druck und Bindung: Books on Demand GmbH, Norderstedt Germany
ISBN: 978-3-656-53743-4

Dieses Buch bei GRIN:

http://www.grin.com/de/e-book/264066/die-hesse-sche-normalenform-herleitung-
und-anwendung

Hesse`sche Normalenform

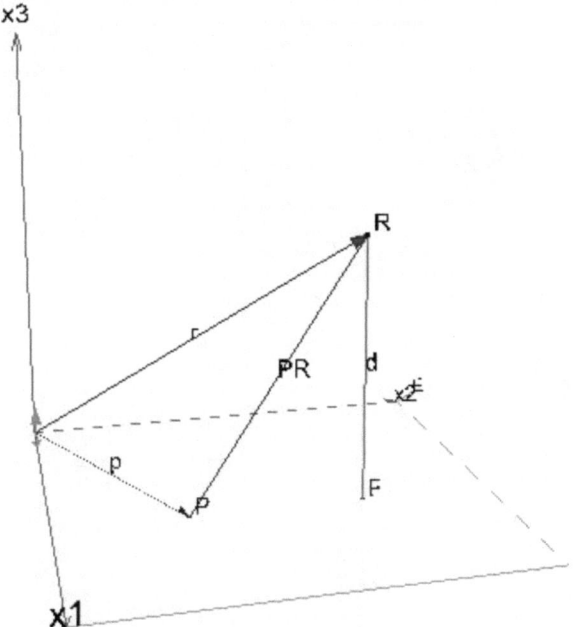

ev. Seminar Blaubeuren

Abgabetermin: 21. 09. 2012

Termin der GFS: 25. 09. 2012

Inhaltsverzeichnis

A. Ludwig Otto Hesse

Ludwig Otto Hesse wurde am 22. April 1811 in Königsberg (Preußen) geboren. Er studierte von 1832-1837 Mathematik und Physik an der Albertus-Universität Königsberg. 1837 bestand er das Oberlehrerexamen für Mathematik und Physik. Er unterrichtete 1838-41 Physik und Chemie an der Gewerbeschule Königsberg. 1840 promovierte Hesse und habilitierte sich an der Universität Königsberg. Dort wurde er 1845 zum außerordentlichen Professor ernannt. 1855 erhielt er eine ordentliche Professur in Halle, wechselte jedoch 1856 nach

Heidelberg. Er nahm 1868 die mathematische Professur an dem neu errichteten Münchener Polytechnikum an. 1869 wurde er zum außerordentlichen Mitglied der Bayerischen Akademie der Wissenschaften gewählt, der 1871 eine Ehrenmitgliedschaft in der Londoner Mathematical Society folgte. Am 4. August 1874 starb Hesse in München.

Hesses Arbeiten erstrecken sich hauptsächlich über die Gebiete der Algebra, Analysis und Geometrie. Er führte zum Beispiel die Hesse-Matrix und die Hesse`sche Normalenform ein, die im Folgenden näher erläutert wird. (nach: LENSE, Josef (1972): Neue Deutsche Biographie 9. S. 21 f.; MARSUPILCOATL (2012): Otto Hesse.)

B. Die Hesse`sche Normalenform

1. Definition

Die Hesse`sche Normalenform ist eine Sonderform der Normalenform E: $(\vec{x} - \vec{p}) \cdot \vec{n} = 0$. Eine Ebenengleichung E: $(\vec{x} - \vec{p}) \cdot \vec{n_0} = 0$ mit dem Normleneinheitsvektor $\vec{n_0}$, dem Normalenvektor der Länge 1, wird Hesse`sche Normalenform genannt.

Ist die Ebenenform als Koordinatenform E: $n_1 x_1 + n_2 x_2 + n_3 x_3 = b$ angegeben, kann auch hier der Normalenvektor $\vec{n}$ durch einen Normleneinheitsvektor $\vec{n_0}$ ersetzt werden:

$$\frac{n_1 x_1 + n_2 x_2 + n_3 x_3}{\sqrt{n_1^2 + n_2^2 + n_3^2}} = b.$$

(nach: BAUM, Manfred et al. (2009): Lambacher Schweizer. S. 283 f.)

2. Herleitung und Beweis

Behauptung: In Fig. 1 gilt für den Abstand zwischen der Ebene E und Punkt R:

$$(\vec{r} - \vec{p}) \cdot \vec{n_0} = d.$$

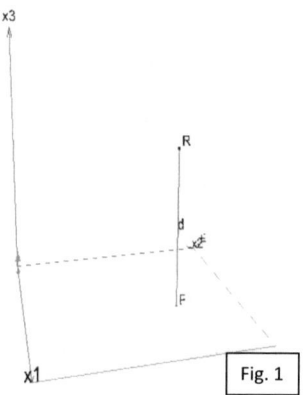

Fig. 1

Im Folgenden wird bewiesen, dass man mit der Hesse'schen Normalenform E: $(\vec{x} - \vec{p}) \cdot \vec{n_0} = 0$ den Abstand zwischen einem Punkt R und einer Ebene E errechnen kann.

Die Vektoren $\vec{p}$ und $\vec{r}$ sind die Ortsvektoren der Punkte P und R (s. Fig. 2). Durch sie lässt sich der Vektor $\overrightarrow{PR}$ beschreiben:

$$\vec{r} - \vec{p} = \overrightarrow{PR}$$

Dadurch ergibt sich:

$$\overrightarrow{PR} \cdot \vec{n_0} = d$$

Nun kann man den Vektor $\overrightarrow{PR}$ weiter unterteilen in den Vektor $\overrightarrow{PF}$ und $\overrightarrow{FR}$ (s. Fig. 3). Durch diese Unterteilung erhält man:

$$(\overrightarrow{PF} + \overrightarrow{FR}) \cdot \vec{n_0} = d$$

$$\overrightarrow{PF} \cdot \vec{n_0} + \overrightarrow{FR} \cdot \vec{n_0} = d$$

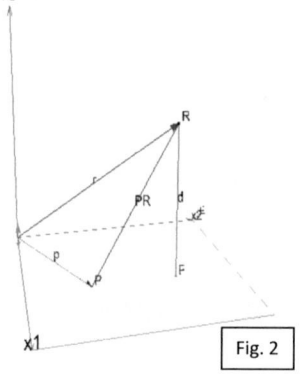

Fig. 2

Da $\overrightarrow{PF} \cdot \vec{n_0} = 0$, bleibt:

$$\overrightarrow{FR} \cdot \vec{n_0} = d$$

Da $\overrightarrow{FR}$ in dieselbe Richtung zeigt wie $\vec{n_0}$ und $|\vec{n_0}| = 1$, ist hier $\overrightarrow{FR} = |\overrightarrow{FR}| \cdot \vec{n_0}$. Daraus ergibt sich:

$$|\overrightarrow{FR}| \cdot \vec{n_0} \cdot \vec{n_0} = d$$

$\vec{n_0}$ ist ein Einheitsvektor, also gilt: $\vec{n_0} \cdot \vec{n_0} = 1$.

Daraus folgt:

$$|\overrightarrow{FR}| \cdot 1 = d, \text{ also: } \underline{d = d}$$

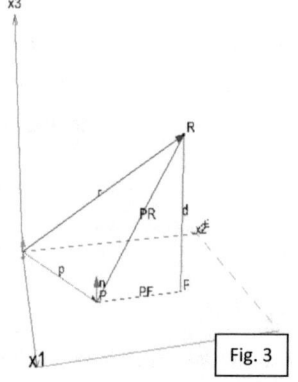

Fig. 3

4

Somit ist bewiesen, dass mit der Hesse`schen Normalenform der Abstand zwischen einem Punkt und einer Ebene errechnet werden kann. Dabei muss man allerdings beachten, dass $\overrightarrow{FR}$ und $\overrightarrow{n_0}$ auch in entgegengesetzte Richtungen zeigen können.

Hierbei gilt:

$$\overrightarrow{FR} = -|\overrightarrow{FR}| \cdot \overrightarrow{n_0} = -d \cdot \overrightarrow{n_0} \text{ und damit } (\vec{r} - \vec{p}) \cdot \overrightarrow{n_0} = -d.$$

Allgemein gilt deshalb:

$$d = |(\vec{r} - \vec{p}) \cdot \overrightarrow{n_0}|$$

Ist die Ebene in der Koordinatenform E: $n_1 x_1 + n_2 x_2 + n_3 x_3 = b$ gegeben, kann man auch hier mithilfe des Normleneinheitsvektors $\overrightarrow{n_0}$ den Abstand zwischen einem Punkt R und einer Ebene E ausrechen:

$$d = \left| \frac{n_1 r_1 + n_2 r_2 + n_3 r_3 - b}{\sqrt{n_1^2 + n_2^2 + n_3^2}} \right|$$

(nach: BAUM, Manfred et al. (2009): Lambacher Schweizer. S. 283)

3. Abstandsberechnung

3. 1. Punkt – Ebene in Normalenform

<u>Aufgabenstellung</u>

Bestimmen Sie den Abstand des Punktes R (2|10|6) von der Ebene

$$E: \left[\vec{x} - \begin{pmatrix} 5 \\ 1 \\ 0 \end{pmatrix} \right] \cdot \begin{pmatrix} 4 \\ -4 \\ 2 \end{pmatrix} = 0.$$

<u>Lösungsweg</u>

Um den Abstand zwischen R und E auszurechen muss man die Normalenform der Ebene E in die Hesse`sche Normalenform umwandeln, also $\vec{n}$ durch $\overrightarrow{n_0}$ ersetzten, und den Ortsvektor $\vec{r} = \begin{pmatrix} 4 \\ 6 \\ 8 \end{pmatrix}$ des Punktes R in die Gleichung $d = |(\vec{r} - \vec{p}) \cdot \overrightarrow{n_0}|$ einsetzten.

$$\vec{n} = \begin{pmatrix} 4 \\ -4 \\ 2 \end{pmatrix} \text{ und } |\vec{n}| = \sqrt{4^2 + (-4)^2 + 2^2} = \sqrt{36} = 6. \text{ Damit ist } \overrightarrow{n_0} = \frac{1}{6} \begin{pmatrix} 4 \\ -4 \\ 2 \end{pmatrix}.$$

Man schreibt:

$$d(R;E) = \left\| \left[\begin{pmatrix} 2 \\ 10 \\ 6 \end{pmatrix} - \begin{pmatrix} 5 \\ 1 \\ 0 \end{pmatrix} \right] \cdot \frac{1}{6} \cdot \begin{pmatrix} 4 \\ -4 \\ 2 \end{pmatrix} \right\| = \left| \frac{1}{6} \cdot \begin{pmatrix} -3 \\ 9 \\ 6 \end{pmatrix} \cdot \begin{pmatrix} 4 \\ -4 \\ 2 \end{pmatrix} \right| = \left| \frac{1}{6} \cdot (-12 - 36 + 12) \right|$$

$$= \left| \frac{1}{6} \cdot (-36) \right| = |-6| = 6$$

Die Schreibweise $d(R;E)$ steht für „Abstand des Punktes R von der Ebene E".

<u>Lösung</u>

Der Abstand zwischen dem Punkt R und der Ebene E beträgt 6 LE.

(nach: BAUM, Manfred et al. (2009): Lambacher Schweizer. S. 284, Aufg. 1 c))

3. 2. Punkt – Ebene in Koordinatenform

<u>Aufgabenstellung</u>

Bestimmen Sie den Abstand des Punktes R (-2|3|5) von der Ebene E: $2x_1 - x_2 + 2x_3 = 0$.

<u>Lösungsweg</u>

Um den Abstand zwischen R und E auszurechen muss man den Normalenvektor der Ebene E

$\vec{n} = \begin{pmatrix} 2 \\ -1 \\ 2 \end{pmatrix}$ und den Ortsvektor $\vec{r} = \begin{pmatrix} -2 \\ 3 \\ 5 \end{pmatrix}$ des Punktes R in die Gleichung

$d = \left| \frac{n_1 r_1 + n_2 r_2 + n_3 r_3 - b}{\sqrt{n_1^2 + n_2^2 + n_3^2}} \right|$ einsetzten.

Man schreibt:

$$d(R;E) = \left| \frac{2 \cdot (-2) + (-1) \cdot 3 + 2 \cdot 5 - 0}{\sqrt{2^2 + (-1)^2 + 2^2}} \right| = \left| \frac{-4 - 3 + 10}{\sqrt{4 + 1 + 4}} \right| = \left| \frac{3}{\sqrt{9}} \right| = 1$$

<u>Lösung</u>

Der Abstand zwischen dem Punkt R und der Ebene E beträgt 1 LE.

(nach: BAUM, Manfred et al. (2009): Lambacher Schweizer. S. 314, Aufg. 1 b))

3. 3. Ebene – Ebene in Koordinatenform

<u>Aufgabenstellung</u>

Gegeben ist die Ebene E: $2x_1 - x_2 + 2x_3 = 10$.

a) Untersuchen Sie, ob die Ebene F: $4x_1 - 2x_2 + 4x_3 = 8$ parallel zur Ebene E ist und berechnen Sie gegebenenfalls den Abstand der Ebenen.

b) Bestimmen Sie zur Ebene E parallele Ebenen, die von E den Abstand 3 haben.

<u>Lösungsweg Teilaufgabe a)</u>

Da die beiden Normalenvektoren $\vec{n} = \begin{pmatrix} 2 \\ -1 \\ 2 \end{pmatrix}$ und $\vec{m} = \begin{pmatrix} 4 \\ -2 \\ 4 \end{pmatrix}$ der Ebenen E und F Vielfache

sind, sind E und F entweder identisch oder parallel.

Punktprobe:

Der Punkt R $(2|0|0)$ der Ebene F liegt nicht auf der Ebene E. Die Ebenen E und F sind parallel.

Abstandsberechnung:

$$d(R;E) = \left| \frac{2 \cdot 2 + (-1) \cdot 0 + 2 \cdot 0 - 10}{\sqrt{2^2 + (-1)^2 + 2^2}} \right| = \left| \frac{4 - 10}{\sqrt{9}} \right| = \left| \frac{-6}{3} \right| = 2$$

<u>Lösung</u>

Der Abstand zwischen dem Punkt R und der Ebene E beträgt 2 LE. Da R $\in$ F beträgt auch der Abstand zwischen E und F 2 LE.

<u>Lösungsweg Teilaufgabe b)</u>

Die gesuchten Ebenen haben denselben Normalenvektor wie die Ebene E und haben somit die Form G: $2x_1 - x_2 + 2x_3 = k$.

R $(r_1|r_2|r_3)$ sei ein Punkt der Ebene G.

$$d(R;E) = \left| \frac{2r_1 - r_2 + 2r_3 - 10}{\sqrt{2^2 + (-1)^2 + 2^2}} \right| = \left| \frac{k - 10}{3} \right|$$

Da $d(R;E) = 3$, ist $\frac{k-10}{3} = 3$ oder $\frac{k-10}{3} = -3$. Daraus folgt $k_1 = 19$ und $k_2 = 1$.

Die Ebenen $G_1: 2x_1 - x_2 + 2x_3 = 19$ und $G_2: 2x_1 - x_2 + 2x_3 = 1$ haben von der Ebene E den Abstand 3 LE.

(nach: BAUM, Manfred et al. (2009): Lambacher Schweizer. S. 284, Beispiel 2; S. 285, Aufg. 3)

Literaturverzeichnis

BAUM, Manfred et al. (2009): Lambacher Schweizer. Mathematik für Gymnasien. Kursstufe. Stuttgart.

HINRICHSEN, Olaf (2008): Hessesche Normalform.
[http://oberprima.com/mathematik/hessesche-normalform-531; 15.09.2012]

LENSE, Josef (1972): Neue Deutsche Biographie 9, S. 21 f..
[http://www.deutsche-biographie.de/sfz31884.html; 15.09.2012]

MARSUPILCOATL (2012): Otto Hesse.
[http://de.wikipedia.org/w/index.php?title=Otto_Hesse&action=history; 15.09.2012]